一看就會！

日本男子天天上菜

60道日本家常味，
零基礎也會做，
平價超市採買就能煮出
道地和風料理！

日本男子KAZU
———著———

前言

「**喜**歡吃美味的料理，但是卻沒有勇氣做看看。」

我常常收到這樣的留言或是周遭朋友給我這樣的回應。第一次做料理的人，常因為參考的食譜步驟太多而放棄，雖然買了材料，卻在看食譜的瞬間秒放棄。購入這本書的你也是如此嗎？

如果你也是的話，那我們應該會成為好朋友。讓我將這份禮物送給你。

這是一本集結少步驟、食材輕鬆買也能做出道地日本料理的食譜。盡量減少麻煩的手續，去蕪存菁留下最必要的作法，推薦給料理新手，以及和我一樣個性嫌麻煩的人。

食譜中的食材和步驟都是我細心寫出來的，如果你每天在製作便當、晚餐遇到困難時，或是缺少料理點子時，請打開本書跟著做做看。

日本男子 KAZU

目次

想用更多時間　與台灣食材相處

2014 年來台留學的時候，常常聽到日本朋友之間會說「連基本的一些調味料都買不到」、「只能從日本帶過來」這樣的話題。

之後回日本一陣子，2020 年再度搬回台灣，很驚奇的發現「XX 已經有賣了？！」在這短短數年間，日本的產品在台灣廣為流通，即使台灣與日本其實很近，但依然讓我感到驚喜，也讓我在台灣做日本料理幾乎沒有任何障礙。

說到日本的家庭料理，理所當然日本的食材比重會較多，也因為在台灣住的關係，我接觸到了很多日本沒見過的食材或調味料，並嘗試去使用。例如原本不太喜歡的香菜及八角，我現在反而很喜歡呢！

今後我的目標之一是：想用更多時間與台灣食材相處，活用並繼續分享美味的食譜。對了，我家附近炸雞店賣的炸雞真是太好吃了，我很想偷偷問他配方。想先挑戰做美味的炸雞。啊，還有麻辣燙！

KAZU雜記②

我最喜歡超市了！

從小我就很喜歡逛超市，有時還因爲太興奮，然後被罵「你好吵」。每次只要發現沒看過的食材跟調味料，就會想買回家品嚐看看。對我來說，這就像買新遊戲一樣令人感到開心。

逛外國超市就像去迪士尼一樣，感覺興奮又刺激。即使看了包裝跟品名，還是無法想像味道，「但是照片看起來很讚」那買吧！買回家後發現味道竟然不錯，那種感覺就好像中彩券一樣的感動。

當然「這味道我不行」的失敗例子也有。就是因爲這些體驗加起來才讓樂趣加倍啊！

這樣日常的快樂增添了生活趣味。當然外食吃到美味料理也是日常生活的幸福之一。但還是在家這樣令人安心的空間，被自己喜歡的東西圍繞，吃著自己喜歡的美味料理，那一瞬間眞的無人能敵！

爲了這樣幸福的瞬間，我差不多又要出門去超市探索美味的調味料與食材了。

料理之前

廚房道具

為了讓每天的料理時光更輕鬆，精選廚具產品是必要的。

廚房道具千百種，但平常會反覆使用的其實不多，想升級廚房道具請先由這幾款開始：

平底鍋
鍋鏟
刀子
砧板

有了以上 4 種道具，就能挑戰許多料理食譜。再來是：

電子鍋
料理盆
量匙
料理長筷

以上是有了會更好，沒有會感到有點困擾的廚房神隊友。

還有，看上去精緻、耐用，使用起來會讓心情更好也很重要。所以選購時，我通常不是選堪用的就好，我會選擇精緻、耐用，價格稍微高一點的經典品牌。因為這些道具可以讓我在料理時獲得更多樂趣，以下推薦我目前愛用的款式：

平底鍋｜**vermicular**

vermicular 平底鍋的重點是,煎、煮、炒、炸全部一個鍋子就能完成。由於這款平底鍋的熱傳導率高,煎的料理表現特別好。煮好後的味道完全不一樣,是目前我的平底鍋愛用之一。此外,這款外型從裡到外堪稱是藝術品,怎麼看都不會膩!

刀子｜**堺孝行**

因為我在大阪堺市長大,在購買刀具時就決定一定要入手「堺的刀具」。刀子常用來切食材,一把好的刀具會大大影響食材的風味。食材斷面如果細緻光滑,接觸舌頭的口感與在口中傳開的味道將會大大的不同。買一把好的刀具,好好的保養,用10 ～ 20 年都沒問題,長時間來看,是相當值得投資的產品。

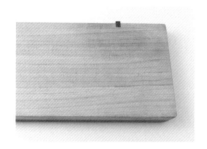

砧板｜**Kirihaco 桐木砧板**

刀子不好切的其中一個原因,可能與砧板材質有關。僅僅是換一塊砧板就能感受到劇烈的變化,所有的食材變得更好切了,這樣的感受並不稀奇。由於木製的砧板可以重新打磨,撫平刀痕,若想長期使用的話相當推薦。

鍋鏟｜**朝日輕金屬 矽膠調理組 A SET**

雖然是矽膠製,但炒食材很好用,也可以直接將鍋中的食物盛入器皿中,反而比料理長筷還更實用的道具。最近也在無印良品買了矽膠鍋鏟,但其實我更喜歡這款橘色的設計,所以很常使用。

＊無印良品是黑色的。使用起來其實沒有太大的差異,選自己喜歡的就好。

食材選擇與採購

調味料

日本料理中的調味料有許多，如：

- 鹽
- 砂糖
- 胡椒
- 味精
- 酒
- 香油（胡麻油）
- 烏醋
- 番茄醬

以上這些部分只要不跟日本的味道相差太多，買自己吃的習慣的產品就可以了。只是，台灣製的與日本製的味噌味道差異頗大，我自己還是習慣買日本製的味噌。不是說哪裡產的比較好，而是對我來說，這個味道是我從小到大習慣的味道。也就是說，依照你的喜好選擇即可。

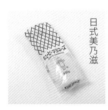

日式美乃滋

此外，像味醂、美乃滋等產品，台灣製的比起日本的，甜度還要高上許多，因此這兩項產品我還是習慣使用日本製的，與日式家庭料理風味會比較契合。如果可以，味醂建議購買本味醂，買不到的話購買台灣製的味醂也沒關係。可能你會感覺料理起來過甜，那就請將砂糖的用量調整一下。

食材

我一般都習慣在住家附近的超市購買，外觀或是產地其實不會特別在意。可以見識到各式各樣的食材也是一種樂趣，對料理的成長也有助益。

如果喜歡去菜市場的話，請直接向老闆詢問當季什麼最美味，討教如何挑選新鮮蔬菜吧！

乳製品

奶油一般我都使用無鹽奶油，用起來比較方便。除了用在料理之外，甜點也時常用到。如果用有鹽奶油製作甜點的話，鹹度會太強，所以通常不太會用到有鹽的。

牛奶的話，我個人還是覺得100% 純鮮乳比較美味。要知道是不是100% 純鮮乳，可以看看成分標示，有添加奶精就不是純鮮乳了。在料理上使用牛奶的話，就是希望牛奶的風味放進料理中，因此我個人還是習慣選100% 純鮮乳使用。

料理單位

以下介紹本書中所使用到的單位。

如果有「××是多少量？」這方面的煩惱的話，請詳見以下說明。

湯匙

1 小匙 = 5 毫升（ml）
1 大匙 = 15 毫升（ml）

量杯

1 杯 = 240 毫升（ml）
1 米杯 = 160 毫升（ml）或 180 公克

其他

1 撮 = 大拇指與食指捏起來的量。
少許 = 大拇指、食指與中指捏起來的量。
適量 = 你喜歡的用量，自己覺得喜歡的味道為基準。

火力

小火（300w ～ 500w）
中火（500w ～ 1000w）

※書中沒有特別寫明火力的話，都以中火為基準。
※大火非常傷害不沾鍋，一般不建議使用。

日式料理常用的調味料

醬油

日本醬油大致分為 5 大類：

1. 濃口醬油（濃口醬油）

2. 薄口醬油（薄口醬油）

3. 溜醬油（溜まり醬油）

4. 甘露醬油（再仕込み醬油）

5. 白醬油（白醬油）

左為薄口醬油，而常用的濃口醬油可用台灣常見的一般醬油替代（右）。

特別是家庭料理，一般都使用**濃口醬油**為主。除了京都習慣使用**薄口醬油**之外，如果食譜書上只寫醬油的話，基本上指的皆是「濃口醬油」。日本所指的濃口醬油，實際就跟台灣的龜甲萬、四季釀造醬油味道一樣。

因此，台灣日常所用的醬油其實就可以直接拿來做日本料理，不需再特別購入。此外，台灣超市很常見的甘甜醬油，實際上比較常見於日本九州地方。薄口醬油與甘甜醬油在鹽分與味道上有些微妙的不同，因此建議多方嘗試，找出自己最喜歡的醬油味道也是料理的一大樂趣。

另外，溜醬油、甘露醬油、白醬油在台灣並不常見，以下就簡單介紹一下：

溜醬油：主要集中在東海地區三縣（三重縣、愛知縣、岐阜縣）及九州地方所生產。從歷史方面來說，據說江戶時代相當流行使用溜醬油。**甘露醬油**：將醬油再次釀造的製法，跟濃口醬油相比，光是原料與製造時間就多了 1 倍。味道與香氣達到美妙的平衡，適合享用生魚片的醬油種類。**白醬油**：醬油當中成色最淡，鮮味也較淡薄。用來製作炊飯時不會讓食材變得暗沉、製作清湯或茶碗蒸也能突顯出食材的豔麗，卻同時保有醬油的風味。

在這裡要特別解釋的是，鰹魚醬油並非醬油的一種。鰹魚醬油是醬油、味醂與高湯等，同煮後製成的調味料，與醬油完全是不一樣的產品。鰹魚醬油雖然飽

含香氣，但如果將它單純作爲醬油的替代品，可能會造成料理上的失敗。

此外，如醬油膏、生抽、老抽等。與日本料理在味道上不大契合，不是很推薦。啊，但是魚露在日本超市卻很常見，眞是不可思議呢！

味酥

味酥是很容易入手的調味料，在台灣能買到的味酥大致分爲 2 類：

1. **本味酥（本みりん）**
2. **味酥風調味料（みりん風調味料）**

本味酥

味酥風調味料

雖然包裝上都寫著「味酥」兩個字，但台灣製造的味酥大多爲「味酥風調味料」。這兩者之間最大的差別在於「有沒有含酒精成分」。

本味酥含有 14% 左右的酒精成分，跟啤酒比起來，酒精成分要高出許多。由於含有甜味，自古以來常常作爲藥飲或是調酒使用。用於料理上可以增加食材的甜味，也能將食材照燒出漂亮的色澤，甚至還能去除魚類、肉類等特有的腥臭味，進而帶出食材本身的旨味與豐美。

而**味酥風調味料**也有著相似的味道，但沒有含酒精，料理時如果加上料理酒去做調整，就能做出更加美味的料理。

味酥是日本料理中常常會使用到的調味料，如果喜歡做日本料理的人，請務必常備一罐在家喔。

此外，如果家中的味酥剛好用完，也可以用米酒 1 大匙＋砂糖 1 小匙的比例調和，就能簡易的做出類似味酥風的味道。如果家中平時沒有常備味酥或是吃不慣味酥的家庭，也可以用此種方式代用。

昆布／鰹魚高湯

台灣料理中常用到的高湯是什麼呢？是雞高湯或是香菇高湯？

日本料理的話，昆布、鰹魚、香菇都是一般日常會使用的高湯材料。雞湯也滿常使用的，但是以家庭料理來說的話，我們還是習慣使用雞湯塊。但如果你問日本人最常用的「高湯」是什麼，「昆布跟鰹魚高湯」一定佔壓倒性的多數。

因此，以下就來好好介紹一下昆布及鰹魚：

在台灣，可以買到的昆布及鰹魚，大抵上和日本沒什麼差異。

特別是**昆布**，台灣市面上大多都是日本產（絕多數為北海道日高產），所以跟在日本買的昆布沒什麼差別。因此，利用台灣超市買到的昆布就可以做出美味的日本料理了。

在這裡教大家做一款非常簡易的昆布高湯：將昆布切5cm長，泡入1公升的水中，放進冰箱冷藏，隔天便能獲得美味的昆布高湯。

這個方式是我以前在日本拉麵店學到的，相當簡單，推薦給大家試試。

在日本，**鰹魚**特別便宜，所以常常被用來做高湯。相比之下，台灣的鰹魚比日本價格稍微高一點，如果覺得自製高湯很麻煩，也可以使用粉末狀的高湯粉。我現在大多都用烹大師鰹魚粉作為替代品。

雖然家庭料理的訴求就是越簡單越好，但是自製高湯的香氣與現成的高湯粉截然不同，如果有時間的話，建議嘗試做看看。

鰹魚高湯的替代品

味噌

說到日本人早餐的定番，那一定是「味噌湯」了。

味噌在全日本，隨著產地不同，有各式各樣的味道。台灣市面上也有各式各樣的味噌，該如何選擇呢？以下就介紹在台灣比較好入手的 3 種味噌：

1. **白味噌**（白味噌）
2. **調和味噌**（合わせ味噌）
3. **紅味噌**（赤味噌）

左為紅味噌，右上為調和味噌，右下為白味噌。

「用什麼味噌比較適合？」我常常收到這樣的信息，在日本料理中，其實用什麼味噌都可以。如果食譜特別寫道「紅味噌」的話，那就是建議用紅味噌比較美味，當然想用白味噌也沒問題。特別是鄉土料理，常常會指定使用某款味噌。但也不是說用錯味噌就做不出來，請儘管安心使用。

此外，高湯口味的味噌商品也滿常見的，讓我們在做味噌湯等料理時十分便利。例如常見的昆布味噌、鰹魚味噌等。

連鎖超市有販售許多品牌的味噌。味噌喜好每個人也不盡相同，建議可以多方嘗試找到自己最喜歡的口味。

因為我是關西地區出身，口味上比較習慣白味噌跟調和味噌。但這並不是選購的標準，對你來說，喜歡的口味才是最好吃的，所以請多方嘗試買看看，找到自己最喜歡的口味。

三步驟

料理

·主食

日式炒烏龍

蟹玉

五目炊飯

豚丼

鮭魚西京燒

鮭魚高湯茶泡飯

熱狗麵包捲

鮪魚沙拉義大利麵

奶油焗烤吐司

鮪魚美乃滋麵包

·小菜

日式溏心滷蛋

蔥鹽醬小黃瓜冷奴

醬炒甜不辣豆芽

通心粉沙拉

百菇味噌美奶滋沙拉

日式　溏心滷蛋

材料（4～6顆）

鰹魚醬油露（2倍濃縮）	100ml
水	100ml
蛋	4～6顆

作法

01 將蛋煮至喜愛的熟度，剝去外殼。

02 將鰹魚醬油露、水及作法**01**的半熟蛋放入夾鏈袋或保鮮盒。

03 置於冰箱冷藏一晚即可享用。

日式料理小知識

「鰹魚醬油」原是用來做蕎麥麵或烏龍麵的濃縮湯頭。當中含有「醬油、味酥、砂糖、高湯」等各種調味料，非常方便。如果你用的鰹魚醬油瓶身標示為2倍濃縮，那比例分量與本食譜相同即可。注意隨著浸漬時間越長，蛋也會越來越鹹，吃第1顆時如果覺得過鹹，可以加一點水稀釋，下次應該就會剛好了。此醬汁大約可以重複做2次，在意的話每次都換新也可以。

蔥鹽醬 小黃瓜冷奴

材料（1～2人份）

嫩豆腐	1 盒
小黃瓜	1 條
白芝麻	適量

Ⓐ		
	香油	2 大匙
	雞粉（鮮雞晶）	1 小匙
	鹽	1 小匙
	檸檬汁	2 小匙
	蒜末	1 小匙
	蔥花	1 小匙

作法

01 將豆腐對半切，倒扣盛盤。

02 在小黃瓜表面撒 1/3 小匙鹽，在砧板上來回滾動摩擦表面，接著水洗瀝乾。垂直切成 4 等份，並切成 5mm 寬的丁狀。

03 將小黃瓜丁與Ⓐ混合後，放在豆腐上，撒上白芝麻即可享用。

日式料理小知識

「冷奴」也就是涼拌豆腐，爲日本定番的小碟料理。居酒屋及定食店一定點得到這道菜。這裡使用了一點香油，與傳統冷奴有點不太一樣的調味，但非常下酒也很下飯喔。

醬炒甜不辣豆芽

材料 (1～2人份)

豆芽菜	60g
小黃瓜	2 條
甜不辣	3 片
香油	1 小匙
Ⓐ 醬油	2 大匙
白醋	1 大匙
豆瓣醬	1 小匙
白芝麻	1 小匙

作法

01 將小黃瓜與豆芽菜洗淨瀝乾。小黃瓜、甜不辣切成適口大小。

02 平底鍋倒入香油熱鍋,放入作法 **01** 所有材料翻炒。

03 作法 **02** 炒熟後,加入 Ⓐ 拌勻混合即可上桌。

TASTY NOTE

甜不辣在日本算是滿常吃的,但比不上台灣這麼常吃。小黃瓜通常的印象就是做成醃漬物。但某一天我想說,這兩個我都喜歡的食材何不放在一起炒看看?從此以後就喜歡上這個組合了。不僅超級下飯,也很適合帶便當喔。

通心粉沙拉

材料 (2人份)

通心粉	100g
奶油	10g
火腿	5 片
小黃瓜	1 條
洋蔥	1/2 顆
柴魚片	適量

煮麵水

水	1000ml
鹽	10g

A	鹽	適量
	黑胡椒粉	少許
	美乃滋	4 大匙
	鰹魚醬油(2倍濃縮)	1 大匙
	美式黃芥末	1 小匙

作法

01 將煮麵水煮沸,加入通心粉,依照包裝指示時間煮熟,並瀝乾水分,再與奶油拌勻。

02 小黃瓜切小丁,洋蔥切薄片,撒鹽抓醃一下,洗淨擰乾水分。

03 火腿切絲與作法 **01**、作法 **02** 及Ⓐ混合拌勻,撒上柴魚片即可上桌。

TASTY NOTE

我從小就超喜歡通心粉沙拉,長大以後更加喜歡了。
日本常將這道料理作為便當的配菜,無論在超市或百貨小菜部都是定番菜色。雖然名為「沙拉」,但是卡路里很高,營養也打了一個大問號,但日本人還是叫它沙拉。說到這,日本人也將切成絲的高麗菜稱作「沙拉」,關於沙拉的定義真是一個黑洞呢!自從來台灣就沒吃過這道料理,我想讓你們更認識這道料理的美好,所以介紹給大家。

百菇味噌 美奶滋沙拉

材料（1～2人份）

鴻喜菇	100g
杏鮑菇	300g
金針菇	200g
香菇	3 朵
鮪魚罐頭	1/2 罐（90g）
鹽	少許
Ⓐ 美乃滋	2 大匙
味噌	1 大匙

作法

01 鴻喜菇與金針菇切除根部後用手撥開，杏鮑菇切絲，香菇切薄片。

02 平底鍋倒入橄欖油熱鍋，加入作法 **01** 的所有菇類及鹽炒軟。

03 熄火，鮪魚罐頭瀝乾油脂，與Ⓐ一起倒入作法 **02**，拌勻放涼即可。

TASTY NOTE

這是一道低醣值的料理，很推薦給減肥中的人。美乃滋雖然卡路里高一點，但意外的醣值卻很低，低醣食材對減肥是最強的好夥伴。
而味噌為發酵食品，對腸道相當有益。喜歡菇類的話一定會愛上這道料理，也是減肥救星喔！

鮪魚美乃滋麵包

材料（5個）

鬆餅粉	150g
蛋	1顆
牛奶	60ml
巴西里粉	適量
Ⓐ 鮪魚罐頭 （瀝乾油脂）	1罐（185g）
玉米粒罐頭	3大匙
黑胡椒粉	少許
美乃滋	1大匙

作法

01 將鬆餅粉、蛋、牛奶放入料理盆中混合拌勻。

02 作法 **01** 倒入杯狀的模具約七分高。

03 接著將Ⓐ混合，放在作法 **02** 的麵糊上，烤箱以 180 度先預熱，烤 15 分鐘，烤好後撒上巴西里粉就完成了。

日式料理小知識

鬆餅粉的成分爲泡打粉、砂糖、低筋麵粉，拿來做成各種料理非常方便。日本麵包店滿常販售鮪魚玉米的麵包，除了這個組合，用火腿、小熱狗、肉鬆、青蔥做變化也很好吃。

奶油焗烤吐司

材料 (1人份)

吐司	2 片
培根	2 片
玉米粒罐頭	4 大匙
奶油	10g
披薩起司	30g
Ⓐ 鮮奶油	200ml
鹽	1/2 小匙
黑胡椒粉	適量
義大香料	少許

作法

01 吐司放入烤箱烤熱後取出，切成大塊方形。培根切成適口大小。

02 奶油溶解後與Ⓐ混合拌勻。

03 將作法 **01** 切好的吐司放入耐熱容器，再放上培根、玉米粒與作法 **02**，鋪上起司。烤箱以 230 度先預熱，烤 10 分鐘即完成。

TASTY NOTE

用吐司或是法國麵包都可以。對於乾硬的吐司，這是一道很好的再利用食譜。早上端出這道早餐絕對會很開心，中午、晚餐吃到其實也滿開心的。但宵夜端出來的話可能要跟你的腹部脂肪商量看看。

鮪魚沙拉義大利麵

材料（1人份）

義大利麵	160g
鮪魚罐頭	1 罐（185g）
玉米粒罐頭	3 大匙
洋蔥	1/2 顆
小番茄	1 顆
美乃滋	2 大匙
醬油	1 小匙
芥末	少許

煮麵水

水	2000ml
鹽	20g

作法

01 將煮麵水煮沸，義大利麵依照包裝指示時間煮熟，並瀝乾水分。

02 洋蔥切薄片，平底鍋倒入橄欖油熱鍋，將洋蔥炒到透明。

03 小番茄對半切，鮪魚罐頭瀝乾油脂，與作法 01、作法 02，及所有材料混合後盛盤。

日式料理小知識

日本有這麼一道沙拉義大利麵的料理，就是將煮好的義大利麵跟美乃滋拌勻混合而已，再怎麼說也不會想到是沙拉吧，但卻這麼命名了。這讓我想起以前跟朋友去野餐時，他做了整整 1 公斤的沙拉義大利麵！

熱狗麵包捲

材料（6個）

小熱狗	6 支	**麵糊**	
蛋黃液	適量	鬆餅粉	150g
低筋麵粉	少量	牛奶	60ml
		融化的奶油	10g

作法

01 麵糊：將鬆餅粉、牛奶及融化的奶油放入料理盆中混合拌勻（圖 **a**），成團後分成 6 等份（圖 **b**）。（麵糊太乾的話，可再加入適量牛奶調整。）

02 在桌面撒一點低筋麵粉，取作法 **01** 的 1 等份麵團，擀平拉長至約 30cm 長條狀。（圖 **c**）

03 在作法 **02** 的長條麵團放上小熱狗，捲起（圖 **d**、**e**），表面塗上蛋黃液（圖 **f**），烤箱以 200 度先預熱，烤 15 分鐘即可。（烤好後可依照個人喜好放上番茄醬、黃芥末醬、巴西里等。）

TASTY NOTE

我很喜歡吃小熱狗，特別是小熱狗捲上甜甜的麵包，喜愛度更是倍增。麵包從頭開始做的話，步驟很多且繁瑣，因此這種市售的鬆餅粉就很方便，也能簡單的做出印象中的麵包捲。甜甜的麵糰加上鹹香的小熱狗滋味相當契合，做小小的話，當作小朋友的點心也很不錯。

鮭魚高湯茶泡飯

材料 (2人份)

鮭魚	1 片 (200g)
白飯	2 碗
蔥花	適量
海苔絲	適量
白芝麻	適量

高湯

鰹魚醬油	2 大匙
(2 倍濃縮)	
熱水	400ml

作法

01 鮭魚退冰至常溫，平底鍋放入鮭魚，以中火先煎 3 分鐘，當接觸平底鍋那面轉白色後，翻面，蓋上鍋蓋繼續悶煎 3 分鐘。

02 煎好的鮭魚用叉子撥開撥鬆。

03 將作法 **02** 鋪放在白飯上，淋上高湯，再撒上蔥花、海苔絲、白芝麻即可。

日式料理小知識

日本人非常喜愛吃茶泡飯，早餐的時候常常享用。一般傳統是用茶來做，但我個人更喜歡用「高湯」來做茶泡飯。從頭做高湯可能會感到太過繁瑣，因此我用鰹魚醬油來做簡易的高湯。請盛上喜歡的配料一起享用吧。這次是用鮭魚，你也可以試著用其他魚來搭配。

鮭魚西京燒

材料（2人份）

鮭魚切片	2 片	（400g）
鹽	少許	
Ⓐ 味噌	3 大匙	
米酒	1 又 1/2 大匙	
味醂	1 又 1/2 大匙	

作法

01 鮭魚兩面抹上少許鹽，靜置 10 分鐘後擦乾表面水分。

02 Ⓐ混合後，塗抹在鮭魚兩面，放置冰箱冷藏 2 天。

03 作法 **02** 的鮭魚放進烤前先擦拭掉表面的味噌，烤箱以 170 度先預熱，烤 20 分鐘即可。（如果烤箱加熱管太靠近鮭魚，建議蓋上鋁箔紙避免表面烤焦。）

日式料理小知識

日本明治維新時期，首都從京都遷移至東京，那時就稱京都為「西京」，顧名思義這是一道用京都的白味噌「京都味噌」做的京都料理。但一般做西京燒的白味噌在台灣比較難買，使用普通的味噌做起來也一樣好吃。如果有幸買到白味噌的話，請務必做看看正統的西京燒。

豚丼

材料（2人份）

豬五花肉片	300g
白飯	2 碗
蔥花	適量
Ⓐ 蒜末	2 瓣
薑末	2 指節長
醬油	2 大匙
香油	1 大匙
黑胡椒	1/2 小匙
鹽	少許
雞粉（鮮雞晶）	1 大匙

作法

01 將豬五花肉片切成適口大小。

02 鍋中放入少許鹽及水煮沸，豬肉放入鍋中，煮到轉成白色，取出瀝乾水分。

03 將作法 **02** 的肉片放入料理盆，與Ⓐ混合拌勻後，蓋在白飯上，再撒點蔥花即可。

日式料理小知識

用豬肉做成的丼飯，稱之爲「豚丼」。在日本有各式各樣的豚丼口味，全部都叫做「豚丼」，去店家點豚丼的話，口味各不相同，上桌前總是讓人有種緊張期待感。這道料理也是使用豬肉做成的丼飯，所以就決定將它命名爲「豚丼」，其實交給你們取名也是可以的。

五目炊飯

材料（2人份）

白米	2 杯
香菇	1 朵
紅蘿蔔	1/4 根
牛蒡	1/4 根
油揚豆腐	1 片
雞肉	100g
水	2 杯

Ⓐ	醬油	2 大匙
	味醂	2 大匙
	烹大師鰹魚粉	1 小匙

作法

01 牛蒡表面洗淨後用刀背刮除外皮、切絲，紅蘿蔔去皮切絲，油揚豆腐切粗條狀，香菇切 2mm 薄片，雞肉切小塊。

02 白米洗淨與水一同放入電鍋的內鍋中，接著撈除 4 大匙水。

03 在作法 **02** 的內鍋中放入作法 **01** 的所有食材與Ⓐ，電鍋設定煮飯模式，完成。

日式料理小知識

使用五種材料做成的炊飯，稱之為「五目炊飯」。其實如果覺得收集材料很麻煩，只做成三目或四目也是常有的事。當然，六目的話也完全沒問題。邊吃邊計算數量的人其實沒有。所以食譜中的材料如果搜集不滿也沒關係，調味料一樣就可以做成美味的五目炊飯喔。

蟹玉

材料 (2人份)

蟹肉棒	3 根
蛋	4 顆
雞粉	1/2 小匙
醬油	1/2 小匙
烏醋	1/2 小匙
砂糖	1 小匙
蔥花	適量

作法

01 蟹肉棒用手撕開,再跟所有材料混合拌勻。

02 平底鍋加入多一點油,以中火熱鍋,倒入混合好的作法 **01**。

03 待加熱到邊緣開始凝固後,用筷子從外側向中心畫圓混合,再加熱到整體呈半熟狀態,盛盤,最後撒點蔥花即可。

日式料理小知識

如果你問 100 個日本人,有 90 個人會誤以為台灣到處都吃得到蟹玉這道料理。因為這是一道在日本很常見的日式中華料理。蓋在飯上超級美味,直接吃也很好吃。用火鍋料的蟹肉棒撕成一絲絲全部加進去就好,當然有真實的蟹肉加進去更好!

日式炒烏龍

材料（2人份）

烏龍麵	2 球
豬五花肉片	150g
高麗菜	50g
豆芽菜	100g
紅蘿蔔	30g
油豆腐	1 塊
香油	1 大匙
鰹魚醬油（2倍濃縮）	3 大匙
胡椒鹽	適量

作法

01 烏龍麵用熱水煮熟，撈起瀝乾，備用。高麗菜與豆芽菜洗淨瀝乾。豬五花肉片、高麗菜與油豆腐切成適口大小，紅蘿蔔去皮切絲。

02 平底鍋倒入香油加熱，依序加入肉片、紅蘿蔔、高麗菜、豆芽菜與油豆腐，以中火翻炒。

03 將作法 **01** 的烏龍麵與鰹魚醬油一同加入作法 **02** 的鍋中翻炒 2～3 分鐘，再以胡椒鹽調整味道即可起鍋。

TASTY NOTE

起鍋前可以加上七味粉、柴魚片或蔥花增添風味。也能換成喜歡的肉類，如牛肉、雞肉。蔬菜當然也可以替換成自己喜愛的，菇類、甜不辣也都很適合。

日式名物

大阪燒與章魚燒

大阪是孕育我 27 年的地方。實際上我是在三重縣出生的,出生不久後就搬到了大阪,在這之後我一直以大阪人的身分生活著。

日本人對大阪的印象就是「大阪燒跟章魚燒」,這是在台灣夜市也常見的兩道料理,實際上就是大阪的名物。「家家戶戶一定有一台章魚燒機」、「家裡有大阪燒用的鐵板」這樣的話題也滿常見的。

事實上,我周遭的朋友真的都是一人一台章魚燒機。在家舉辦章魚燒 party 以及大阪燒 party 是我們的日常文化。

這兩道料理的食材在日系超市都滿容易買到,因此在台灣也能輕鬆重現日本的味道,台灣夜市賣的味道雖然很接近,但是口感卻完全不一樣。特別是章魚燒,外皮焦脆、中間軟嫩是大阪人最習慣的口感,而台灣夜市常見的章魚燒反而在關東圈比較常見。

大阪燒我們習慣加入日本山藥,將日本山藥磨成泥加入就有鬆軟的口感,非常美味。每個家庭的大阪燒食譜不太一樣,如「不加入山藥,但也能有山藥泥的口感」、「麵糊先放入冰箱一晚」再進行後面的步驟,作法千變萬化,值得細心研究,也充滿樂趣。

此外,大阪燒與章魚燒醬雖然嚐起來有點像,但實際上味道還是有點不太一樣,不同地區的醬汁味道也不同,去別的縣市旅行時買回家試做也相當有趣。

台灣最近電子烤盤常常附有平盤與章魚燒盤,親朋好友來訪時很推薦開一場章魚燒 party 或是大阪燒 party,好吃又好玩!

章
魚
燒

大
阪
燒

大阪燒

材料 (2片)

高麗菜	100g
豬肉片	1～2 片

麵衣
低筋麵粉	50g
烹大師鰹魚粉	2 小匙
蛋	1 顆
日本山藥泥	100g

麵衣配料
天婦羅炸酥（天かす）	20g
紅薑	10g
櫻花蝦	1 小匙

（以上有的話可以加入）

起鍋後加的配料
柴魚
大阪燒醬或日式炒麵醬
日式美乃滋
海苔粉

（以上可依個人喜好添加）

日式料理小知識

高麗菜與麵衣攪拌後就要馬上做成大阪燒，如果久放的話會開始出水，煎的時候就比較難成型。此外，正統大阪燒的作法是煎的時候不要壓材料，口感會比較好，這點請注意。

如果買不到天婦羅炸酥的話也可以用市售的蝦味先打碎取代。

作法

01 麵衣材料先混合。高麗菜洗淨切末，再與麵衣材料混合拌勻。

02 如果有麵衣配料的話，也可以選擇性加入混合。

03 平底鍋倒入些許沙拉油熱鍋，放入 2 湯匙份的作法 02。

04 接著再鋪上豬肉片。蓋上蓋子，以小火蒸煮 5 分鐘。

05 開蓋，翻面再煎 3 分鐘。用叉子插一下，確認中間有沒有熟。（沒有熟的話再蓋上蓋子蒸煮約 2 分鐘）

06 最後加上配料就完成了！

章魚燒

材料 (3～4人份)

章魚	適量
天婦羅炸酥（天かす）	適量
紅薑	適量
青蔥	適量

麵衣

低筋麵粉	200g
水	800ml
烹大師鰹魚粉	1 大匙
蛋	3 顆
醬油	1 大匙
味醂	1 大匙
泡打粉（有的話）	1/2 小匙

起鍋後加的配料

柴魚
章魚燒醬
日式美乃滋
海苔粉
（以上可依個人喜好添加）

作法

01 章魚切小塊。青蔥切蔥花。紅薑切末。將麵衣材料混合至沒有顆粒狀（也可以過篩）。

02 在章魚燒鐵板中充分抹上沙拉油，開中小火預熱。鐵盤熱了之後，倒入作法 **01** 的麵衣（約洞的一半）。

03 接著放入章魚、蔥花、紅薑，以及天婦羅炸酥。

04 再追加倒入麵衣，倒至整個鐵板都有麵衣。

05 當底部煎到金黃焦色並能輕鬆翻面時，用錐子將章魚燒翻面。周圍殘餘的麵衣要推進洞中，使章魚燒變成一個球狀。

06 翻面後加熱至表面微脆。取出後加上喜歡的配料就完成了！

TASTY NOTE

如果想吃高麗菜的話也可切末放進去。
如果買不到天婦羅炸酥的話也可以用市售的蝦味先打碎取代。

五步驟料理

● 牛肉料理

牛肉油豆腐日式拌飯
韓式牛肉雜菜冬粉
牛肉牛蒡生薑煮
奶油醬燒百菇牛肉
紅酒牛肉燴飯
味噌牛肉時雨煮
油豆腐炒牛肉
牛肉蘿蔔泥拌烏龍
日式風味炒牛肉
牛肉咖哩

● 豬肉料理

韭菜蒸燒豬肉
豬絞肉乾咖哩
延伸料理　沖繩麵
簡易沖繩角煮
照燒油豆腐豬肉捲
大蒜豬肉丼
豬肉燴娃娃菜
黑胡椒鹽燒豬肉
韓式泡菜鐵板燒
豬五花蘿蔔味噌湯
千層白菜豬肉鍋

● 雞肉料理

甘辛燒雞翅
雞柳胡麻沙拉
蒜香醬燒雞肉
日式雞翅咖哩
雞肉蔥鹽丼
生薑雞湯
蜂蜜芥末烤雞翅
雞腿肉炒茄子
燉煮蘿蔔泥雞肉
照燒雞腿蘿蔔煮

● 蔬食料理

高麗菜燒
香煎豆腐排丼
豆乳奶油燉菜
百菇茄汁義大利麵
蘑菇和風義大利麵
蔬食馬鈴薯沙拉
北海道芋餅
納豆秋葵蕎麥麵
金平牛蒡
豆腐燴白菜

牛肉咖哩

材料 (2～3人份)

牛肉	300g		Ⓐ	烏醋	1 大匙
洋蔥	1 顆			巧克力	30g
馬鈴薯	2 顆			即溶咖啡粉	少許
紅蘿蔔	1 根			（Ⓐ可以選擇性加入）	
蘑菇	100g				
奶油	1 大匙				
水	250ml				
咖哩塊	依照水量比例加入				

作法

01 牛肉切 4～5cm 塊狀，洋蔥切薄片，馬鈴薯削皮後切成適口大小，紅蘿蔔削皮後切滾刀塊，蘑菇將莖與蒂頭切開。

02 鍋中倒入 1 大匙沙拉油，將牛肉表面煎出焦色，加入 250ml 的水煮沸，並撈除浮末，蓋上蓋子以小火煮 1 小時。

03 燉煮牛肉時，取另一平底鍋放入奶油加熱，再以小火將洋蔥慢慢炒成褐色焦糖化。

04 作法 **02** 的牛肉煮好後取出，備用，將鍋中的水調整成咖哩塊指示的水量，並將作法 **03** 炒好的洋蔥與作法 **01** 的蔬菜加入鍋中燉煮，燉煮過程中一樣要撈除浮末及適時補充水量。

05 蔬菜煮熟後，加入作法 **02** 的牛肉、咖哩塊與Ⓐ，約煮 5～10 分鐘至咖哩塊溶解即完成。

TASTY NOTE

煮好的咖哩放涼後，再一次加熱回溫蔬菜會更加入味。有時間的話可以執行上述的步驟，重新加熱的咖哩更加美味好吃。

日式風味炒牛肉

材料（2人份）

牛肉片	300g	Ⓐ	醬油	2 大匙
白芝麻	適量		味醂	2 大匙
			砂糖	2 小匙

作法

01 將牛肉片切成適口大小。（圖 **a**）

02 將作法 **01** 的牛肉片與Ⓐ混合拌勻。（圖 **b**、**c**）

03 平底鍋熱油，開中火，倒入作法 **02** 的牛肉。（圖 **d**）

04 煮到醬汁稍微收乾程度。

05 撒上白芝麻即可上桌。

a

b

c

d

TASTY NOTE

這道料理即使冷冷的吃也非常美味。另外，加上牛蒡或是香菇也是不錯的選擇。
適合包飯糰、帶便當的菜色，很推薦做為冰箱的常備菜喔。

牛肉蘿蔔泥拌烏龍

材料 (2人份)

烏龍麵	2 人份	Ⓐ	鰹魚醬油 (2倍濃縮)	50ml
牛肉片	200g		水	50ml
白蘿蔔	適量		砂糖	1 大匙
檸檬	2 片			

湯頭

鰹魚醬油 (2倍濃縮)	150ml
水	450ml

作法

01 在鍋中加入牛肉片與Ⓐ燉煮。

02 作法 **01** 的牛肉片熟了即可熄火。

03 起另一鍋煮烏龍麵,煮好後撈起瀝乾盛盤。

04 白蘿蔔磨成泥後捏乾水分(圖 **a**、**b**、**c**、**d**),與檸檬片、作法 **02** 的牛肉片一同放在烏龍麵上。

05 最後淋上湯頭即可享用。

TASTY NOTE

將牛肉煮的甜甜鹹鹹,再拌上烏龍麵真的很好吃。這是日本的牛肉烏龍麵常見的調味方式,這次與蘿蔔泥一同享用,做了這碗醬汁拌烏龍麵。烏龍麵我個人最喜歡用冷凍的,推薦你一定要用冷凍的,煮完口感比較 Q 彈美味。

油豆腐炒牛肉

油豆腐炒牛肉

材料（2人份）

牛肉片	200g	Ⓐ	烏醋	1 大匙
油豆腐	1 片		醬油	1 小匙
韭菜	60g		雞粉	1 小匙
香油	適量		蒜末	1 瓣份
			薑末	1 指節長

作法

01 油豆腐切成適口大小。

02 韭菜洗淨，切成 1cm 長。

03 平底鍋加入香油，中火熱鍋，放入牛肉片翻炒。

04 牛肉片炒到變色後，放入作法 **01** 的油豆腐與作法 **02** 的韭菜拌炒。

05 最後加入Ⓐ，炒至入味即可盛盤上桌。

TASTY NOTE

油豆腐拿來炒真的相當美味，既有飽足感，也可以充分入味，跟牛肉搭配起來味道絕對不會輸。如果不喜歡韭菜的話，換成青蔥，甚至是高麗菜等喜歡的蔬菜也可以。

味噌牛肉 時雨煮

日式料理小知識

松尾芭蕉最得意的弟子——江戶中期的詩人各務支考——在品嚐各種各樣的料理時，天空突然降下一場時雨，因此將之命名爲「時雨煮」。古時候的人眞的很浪漫耶。

材料（2人份）

牛肉片	300g	Ⓐ	水	2 大匙
生薑	20g		米酒	2 大匙
香油	適量		味醂	2 大匙
			醬油	1 大匙
			味噌	1 大匙
			砂糖	1 小匙

作法

01 生薑削皮後切絲。

02 將牛肉片切成適口大小。

03 平底鍋倒入些許香油熱鍋，倒入作法 **02** 的牛肉片炒至變色，接著加入作法 **01** 的薑絲與Ⓐ燉煮。

04 燉煮過程要不斷撈除浮末。

05 煮到醬汁略微收乾後即可熄火起鍋。

TASTY NOTE

將牛肉換成豬肉也很適合。我很喜歡將這道菜當成冰箱常備菜，做成冷便當也好吃。

紅酒牛肉燴飯

材料（3人份）

牛肉片	300g		Ⓐ	紅酒	200ml
洋蔥	1 顆			番茄醬	5 大匙
蘑菇	6 顆			大阪燒醬	3 大匙
奶油	20g			雞粉	1 小匙
低筋麵粉	2 大匙			烏醋	1 小匙

作法

01 牛肉片切成適口大小，洋蔥去皮切薄片，蘑菇切薄片。

02 平底鍋放入奶油熱鍋，放入作法 **01** 的洋蔥，以小火炒到透明。（圖 **a**）

03 接著放入蘑菇翻炒一下後，加入作法 **01** 的牛肉片炒熟。（圖 **b**）

04 炒熟後熄火，加入低筋麵粉拌勻至沒有粉感。（圖 **c**、**d**）

05 最後加入Ⓐ，煮到有濃稠感即可上桌。（圖 **e**、**f**）

TASTY NOTE

沒有大阪燒醬的話，用 3 大匙烏醋替代也可以，或是用章魚燒醬也可以。

奶油醬燒　百菇牛肉

材料（2人份）

牛肉片	200g	味醂	2 大匙
鴻喜菇	50g	醬油	2 大匙
杏鮑菇	100g	奶油	1 大匙
金針菇	200g	黑胡椒粉	適量
胡椒鹽	適量		

作法

01 杏鮑菇切 5mm 薄片，鴻喜菇及金針菇切除根部用手撥開。

02 平底鍋熱沙拉油，放入牛肉片及少許胡椒鹽，以中火炒熟。

03 接著放入作法 **01** 的所有菇類翻炒。

04 再依序加入味醂、醬油翻炒拌勻。

05 最後加入奶油拌勻，再撒上一點黑胡椒粉即可上桌。

TASTY NOTE

黑胡椒粉暴力的加進去也沒關係，會很好吃的。另外，加上蒜頭、蔥花也相當不錯。

牛肉牛蒡生薑煮

材料（2人份）

牛肉片	200g	Ⓐ	味醂	3 大匙
牛蒡	1 根		醬油	3 大匙
薑絲	50g		砂糖	2 小匙
水	120ml			
蔥花	適量			

作法

01 牛蒡洗淨，用刀背刮除外皮，接著像削鉛筆一樣用刀削成細絲，泡水 5 分鐘後瀝乾。（圖 **a**、**b**）

02 牛肉片若比較大片可對切成一半，與Ⓐ抓一下拌勻。

03 鍋中熱少許油，放入作法 **01** 瀝乾的牛蒡翻炒。

04 約炒 1 分鐘後，放入薑絲、作法 **02** 的牛肉片（醬汁也一同加入鍋中）以及水，並用沾濕的廚房紙巾蓋住鍋內食材，以中火燉煮 5 分鐘。

05 拿起廚房紙巾，將鍋內食材拌勻，再蓋上鍋蓋續煮 5 分鐘，撒上蔥花即可上桌。

TASTY NOTE

作法 **04** 中蓋上廚房紙巾是為了在燉煮期間使食材均勻入味，如果有「落蓋」的話也可直接使用。
生薑煮與時雨煮一樣都是很適合做為常備菜的料理，或是當作每日的便當配菜。
將牛蒡換成香菇也相當美味。

韓式牛肉雜菜冬粉

材料（2人份）

牛肉絲	100g	Ⓐ	蒜末	1 瓣
香菇	3 朵		白芝麻	1 大匙
金針菇	100g		醬油	1 大匙
豆芽菜	100g		米酒	1 大匙
青椒	80g		砂糖	1 大匙
紅蘿蔔	1/2 根		香油	1 小匙
韓式冬粉	30g		韓式辣醬	1 小匙

作法

01 先將冬粉用熱水氽燙 3 分鐘左右，再泡入冷水中冰鎮，接著瀝乾水分，剪成適口的長度。

02 香菇切掉根部後切薄片。金針菇切掉根部，用手撥開。青椒對切，清除籽及內部白膜，切薄片。紅蘿蔔削皮後切細絲。

03 煮一鍋沸水，放入香菇、金針菇氽燙 1 分鐘後瀝乾水分。其餘蔬菜也放入氽燙，撈起瀝乾。

04 最後放入牛肉絲，氽燙到變色，起鍋瀝乾水分。

05 將所有氽燙好的食材與Ⓐ拌勻即可上桌。

TASTY NOTE

韓式辣醬請記得用「紅色盒子」的款式（圖 a），綠色的雖然看起來很像，但其實比較算味噌。賣場常常將兩者擺在一起，很容易搞錯。
如果沒有韓式冬粉，也可以用一般的冬粉取代。

日式拌飯

牛肉油豆腐

牛肉油豆腐日式拌飯

材料（2人份）

牛肉片	100g	Ⓐ 鰹魚醬油（2倍濃縮）	3 大匙
紅蘿蔔	1/3 根	水	1 大匙
油豆腐	2 片		
生薑	1 指節長		
白飯	2 碗		
香油	1 小匙		
蔥花	適量		

作法

01 生薑切絲、紅蘿蔔削皮切細絲，油豆腐切細絲。牛肉片切成適口大小。

02 平底鍋倒入香油熱鍋，加入作法 **01** 的牛肉片炒熟。

03 接著加入作法 **01** 的紅蘿蔔絲、油豆腐絲、薑絲炒軟後，加入Ⓐ煮到水分大略收乾。

04 鍋子熄火。將白飯微波回溫後加入鍋中與所有食材拌勻。

05 最後撒上蔥花即可上桌。

TASTY NOTE

如果有剩餘的白飯很推薦做這道拌飯，這道料理也很適合帶便當。除了牛肉片之外，豬肉、雞肉也都可以做看看。

千層白菜　豬肉鍋

材料（2人份）

		湯頭	
豬五花肉片	300g		
白菜	8～10片	水	200cc
柑橘醋醬油	適量	鰹魚醬油（2倍濃縮）	2大匙

作法

01 白菜洗淨，依序擺上一層白菜、一層豬肉片，層層堆疊。（圖 **a**、**b**）

02 然後切成 4～6 等分。（圖 **c**）

03 擺入鍋中，將鍋內排滿，倒入湯頭。（圖 **d**）

04 蓋上蓋子，以中火加熱 10 分鐘即可。

05 料理完成後可以沾著柑橘醋醬油或是喜歡的火鍋醬一起吃。

TASTY NOTE

直接吃就很美味的鍋料理，但我個人喜歡沾上柑橘醋醬油（ポン酢）一同享用，家中沒有柑橘醋醬油的話，可以用檸檬汁 1：醬油 1 的方式調和。

豬五花 蘿蔔味噌湯

材料（2人份）

豬五花肉片	100g	香油	適量
白蘿蔔	100g	水	500ml
生薑	1 指節長	味噌	2 大匙
青蔥	1/3 支	和風高湯粉	1/2 小匙

作法

01 肉片切成適口大小。白蘿蔔切扇形薄片，青蔥切蔥花，生薑切絲。

02 鍋中倒入香油，以中火熱鍋，放入作法 **01** 的肉片炒到變色。

03 再加入作法 **01** 的生薑炒香，放入白蘿蔔薄片、水、和風高湯粉煮到滾沸。

04 撈除浮末，蓋上蓋子燉煮 10 分鐘。

05 熄火，加入味噌溶解後，撒上蔥花即可上桌。

TASTY NOTE

用梅花豬肉片來做也相當美味。喜歡生薑的風味，多加一點也沒問題喔。

鐵板燒

韓式泡菜

材料（2人份）

豬五花肉片	100g	香油	1 小匙
韓式泡菜	適量	鰹魚醬油（2倍濃縮）	1 大匙
豆芽菜	100g	白芝麻	適量
蛋	1 顆	蔥花	適量

作法

01　肉片切成適口大小。蛋與鰹魚醬油混合拌勻，備用。

02　平底鍋倒入香油，以中火熱鍋，放入作法 **01** 的肉片炒熟。

03　再加入韓式泡菜及豆芽菜翻炒。

04　豆芽菜炒至微透明後，再加入作法 **01** 的蛋液。

05　煎到喜歡的熟度即可起鍋，盛盤後撒上白芝麻與蔥花享用。

TASTY NOTE

韓式泡菜炒過後甜味會增加，加熱後也會更加美味。蛋也可以多放一點，3 顆左右也相當美味，可以自行調整看看。

黑胡椒鹽燒豬肉

材料（2人份）

豬五花肉片	200g	Ⓐ	黑胡椒粉	1 小匙
米酒（或白酒）	1 小匙		鹽	1/2 小匙
香油	1 小匙		味精	1/3 小匙
			蒜末	2 瓣

作法

01 先將Ⓐ混合備用。

02 鍋中倒入香油熱油，放入豬肉片翻炒。

03 用廚房紙巾吸除鍋內多餘油脂。

04 豬肉炒出焦色後，加入米酒燒一下。

05 酒精揮發後，加進混合好的Ⓐ，拌勻即可上桌。

a

TASTY NOTE

這道菜我個人喜歡配著高麗菜絲一起享用（圖 a）。除了豬五花之外，豬梅花也是不錯的選擇。蒜末也可以用大蒜粉代替。這道料理中，黑胡椒是很重要的角色，多放一點也沒問題。

豬肉燴娃娃菜

材料 (2人份)

豬梅花肉片	200g	Ⓐ	味醂	2 大匙	
娃娃菜	200g		醬油	2 大匙	
鹽	適量		水	2 大匙	

芡汁

太白粉	1 大匙
水	1 大匙

作法

01 娃娃菜洗淨,切除蒂頭,並對半切(圖 **a**)。豬肉切成適口大小。

02 平底鍋中依序排入作法 **01** 的娃娃菜、肉片、Ⓐ,蓋上蓋子,以中火加熱。(圖 **b**、**c**、**d**)

03 煮沸後轉小火,續煮 5 分鐘。

04 拿起蓋子,將鍋內食材拌勻,再蓋上蓋子悶煮 5 分鐘。

05 用鹽調整一下味道,最後淋上芡汁勾芡即可上桌。

a

b

c

d

TASTY NOTE

將娃娃菜換成自己喜歡的蔬菜也沒問題。芡汁可以讓食材均勻裹上醬汁,非常美味,建議不要省略這個步驟。

大蒜豬肉丼

大蒜豬肉丼

材料（2人份）

豬五花肉片	300g	Ⓐ	蒜末	4 瓣
洋蔥	1/2 顆		醬油	1 大匙
香油	2 大匙		米酒	2 大匙
蔥花	適量		味醂	2 大匙
白芝麻	適量		雞粉	1 大匙
白飯	2 碗		味噌	1 大匙
			豆瓣醬	1 大匙
			水	2 大匙

作法

01 肉片切成適口大小，洋蔥切絲。Ⓐ拌勻備用。

02 鍋中倒入香油熱鍋，再放入作法 **01** 的肉片翻炒。

03 肉片炒熟後，放入作法 **01** 的洋蔥。

04 洋蔥炒到轉透明後，再加入拌勻的Ⓐ，燉煮 10 分鐘。

05 煮到醬汁收乾後熄火，盛起蓋在白飯上，撒些白芝麻及蔥花即可上桌。

TASTY NOTE

這是一道加入大量大蒜的豚丼。學生時期靠著這道料理我就能吃下一杯米飯，超級下飯。

照燒油豆腐豬肉捲

材料 (2人份)

豬五花肉片	200g	Ⓐ	醬油	2 大匙
油豆腐	1 片		砂糖	2 大匙
杏鮑菇	80g		味醂	2 大匙
胡椒鹽	少許		米酒	2 大匙
白芝麻	適量			

作法

01 油豆腐與杏鮑菇切 2cm 寬。（圖 **a**）

02 用豬肉片將作法 **01** 的油豆腐與杏鮑菇，各自捲起，表面撒上胡椒鹽。（圖 **b**）

03 平底鍋熱油，放入作法 **02** 的肉捲，將表面均勻煎熟。（圖 **c**）

04 用廚房紙巾吸除鍋中多餘油分。（圖 **d**）

05 加入Ⓐ，使肉捲均勻裹上醬汁（圖 **e**、**f**），煮到醬汁大致收乾後，撒上白芝麻即可上桌。

TASTY NOTE

豬五花換成豬梅花也沒問題。卡路里也相對較低，減肥中很推薦。

簡易沖繩角煮

材料（2～3人份）

豬五花肉	600g		Ⓐ	米酒	100ml
				醬油	4 大匙
				黑糖	4 大匙
				薑片	2 指節長
				青蔥	1 支

作法

01 將豬肉切成 7cm 塊狀，取一個大一點的鍋子，將水煮沸後放入豬肉。

02 作法 **01** 再次煮沸後轉小火，撈除浮末，續煮 3 個小時。中途請確認水量，不夠的話要再補水。

03 豬肉烹煮完成後，撈起瀝乾，剩餘的湯汁留下備用。

04 將作法 **03** 的豬肉放入鍋中，加入留下備用的湯汁 200ml 及Ⓐ。

05 以中火燉煮，邊煮邊將醬汁淋在肉上，約煮 15 分鐘即可起鍋。

日式料理小知識

角煮就是滷肉。原則上沖繩角煮是要用泡盛來料理，但因為超市不好買到，因此換成米酒也可以。

延伸料理：沖繩麵

材料（2人份）

油麵	140g	**湯頭**	
沖繩角煮	適量	豬高湯	800ml
蔥花	適量	烹大師鰹魚粉	1 又 1/2 小匙
紅薑	適量	雞粉	1/2 大匙
		醬油	1 小匙
		鹽	1 小匙

作法

01 將湯頭材料放入鍋中以大火煮沸。（如果用的是熬煮豬肉的湯頭，在冷藏保存時會浮出一層油，建議可以先撈除，湯頭較清爽。）

02 將油麵放入碗中並淋上作法 **01** 煮好的湯頭。

03 最後放上沖繩角煮、紅薑，再撒上蔥花就完成了。

豬絞肉 乾咖哩

材料 (4人份)

豬絞肉	200g	Ⓐ	水	100cc
洋蔥	半顆		番茄醬	2 大匙
牛番茄	1 顆		烏醋	1 大匙
紅蘿蔔	1/3 根		鹽	1 小匙
蒜頭	1 瓣			
生薑	1 指節長			
奶油	20g			
咖哩粉	1 大匙			
鹽	適量			

作法

01 所有蔬菜洗淨,切末(或用食物調理器打碎)。

02 平底鍋加入奶油、作法 **01** 的蔬菜及 1/2 小匙鹽,炒到水分收乾。

03 水分收乾後,熄火,加入咖哩粉拌勻混合,取出備用。

04 同一鍋中加入豬絞肉炒熟,加入作法 **03** 及Ⓐ,炒勻。

05 最後加入鹽調整鹹度即可配上白飯一起吃。

TASTY NOTE

作法 **02** 中加入鹽可以幫助蔬菜釋出水分,並濃縮鮮甜。
市售的咖哩粉大多沒有鹽,因此本身只有香味沒有鹹度。做好後如果覺得嚐起來沒什麼味道,可以加鹽調整,就能提升風味。除了豬絞肉以外,換成雞絞肉或是牛絞肉也很好吃。

韭菜蒸燒豬肉

材料（2人份）

豬梅花肉片	200g
豆芽菜	200g
韭菜	100g
米酒	2 大匙
水	2 大匙

Ⓐ
醬油	2 大匙
砂糖	2 大匙
香油	2 大匙
豆瓣醬	1 小匙
蒜末	1 瓣
蔥花	適量

作法

01 韭菜洗淨，切成 5cm 長。豬肉切成適口大小。Ⓐ混合拌勻。

02 平底鍋中依序疊上作法 **01** 的豬肉片、韭菜及豆芽菜，最後淋上米酒和水。

03 蓋上蓋子，以小火蒸煮 10 分鐘。

04 開蓋，由底部撈起拌勻鍋內食材，裝盤。

05 最後淋上拌勻的Ⓐ即可上桌。

TASTY NOTE

加入蔥段或洋蔥也相當美味，如果在減肥，將Ⓐ中的砂糖省略也沒問題。

照燒雞腿　蘿蔔煮

材料（2人份）

去骨雞腿肉	300g	Ⓐ	味醂	2 大匙
白蘿蔔	300g		醬油	2 大匙
鹽	適量		砂糖	1 大匙
			烹大師鰹魚粉	1 小匙

作法

01 切除雞腿肉上多餘的油脂，切成 2cm 塊狀，用叉子在表面戳洞並撒上少許鹽。

02 白蘿蔔削皮後，切成約 6mm 厚的扇形薄片，放入熱水中煮到顏色轉透明。

03 平底鍋倒入油熱鍋，作法 **01** 的雞皮朝下，以中火煎到金黃焦色後，翻面，將另一面也煎到變色。

04 接著加入作法 **02** 煮軟的白蘿蔔拌炒均勻，再加入Ⓐ，蓋上蓋子，以小火煮 10 分鐘。

05 開蓋，轉大火，醬汁大略收乾即可起鍋。

TASTY NOTE

作法 **02** 中的白蘿蔔需要預先加熱處理，推薦用微波爐加熱的方式，約加熱 10 分鐘，白蘿蔔轉透明即可，很快速。透過預先加熱，蘿蔔也能更快入味，減少料理的時間，怕麻煩的人千萬不要少了這個步驟。（圖 **a**、**b**）

燉煮蘿蔔泥雞肉

材料 (2人份)

雞胸肉	300g	Ⓐ	白蘿蔔	300g
太白粉	1 大匙		生薑	1 指節長
砂糖	1/2 大匙		醬油	100ml
鹽	1/2 小匙		白醋	100ml

作法

01 切除雞胸肉上多餘的油脂，用叉子在表面戳洞，並切成適口大小。

02 在作法 **01** 上依序抹上砂糖、鹽入味。

03 Ⓐ的白蘿蔔與生薑削皮後，分別磨成泥。

04 平底鍋熱油，將作法 **02** 的雞肉表面撒上一些太白粉抹勻，放入鍋中，將表面煎出金黃焦色。

05 接著加入Ⓐ，蓋上蓋子燉煮，鍋內沸騰後轉小火煮 5 分鐘即可。

TASTY NOTE

作法 **02** 是為了防止雞胸肉水分揮發，吃起來比較不乾柴，口感將會大大不同，雖然多一道手續，但建議不要省略此步驟。

雞腿肉炒茄子

材料 (2人份)

去骨雞腿肉	200g	Ⓐ	醬油	3 大匙
茄子	1 根		白醋	3 大匙
青椒	1 顆		砂糖	2 大匙
洋蔥	1/2 顆			
香油	適量			
胡椒鹽	適量			

作法

01 將茄子蒂頭切除（圖 **a**），在表面以斜刀切淺紋（圖 **b**），再切成適口大小，泡水 5 分鐘（圖 **c**），取出用紙巾吸乾水分。

02 青椒對半切，去除籽及內部白膜（圖 **d**），切成適口大小。洋蔥去皮切薄片，雞肉切成適口大小。

03 平底鍋倒入香油，以中火熱鍋，放入作法 **02** 的雞肉翻炒，撒上胡椒鹽稍作調味。

04 將作法 **01** 的茄子，及作法 **02** 的洋蔥、青椒放入鍋中，再加 1 大匙香油，以中火炒熟。

05 最後再加入Ⓐ拌炒 2 ～ 3 分鐘即可上桌。

日式料理小知識

醋醬油的調味讓這道料理更顯清爽，再一次加熱回溫會更入味好吃。沒什麼食慾時端這盤料理上桌不知不覺就會吃光光。冷冷的吃也相當美味，很適合帶日式冷便當。

蜂蜜芥末烤雞翅

材料（1～2人份）

雞翅	200g	Ⓐ 蜂蜜	3 大匙
		美式黃芥末	2 大匙
		橄欖油	2 大匙
		tabasco 辣椒醬	1 小匙
		鹽	少許

作法

01 用叉子在雞翅正、反表面戳洞。（圖 **a**、**b**）

02 將雞翅與Ⓐ混拌均勻，醃漬 1 個小時。（圖 **c**）

03 將作法 **02** 醃漬完成的雞翅擺入烤盤中。（圖 **d**）

04 烤箱以 200 度先預熱，放入雞翅。

05 烤 10 ～ 15 分鐘，烤至雞翅熟透即可上桌。

TASTY NOTE

除了雞翅，雞腿肉或是雞胸肉等喜歡的部位也都能做。家中沒有烤箱的話，用平底鍋煎或氣炸鍋炸也可以。

生薑雞湯

材料（2人份）

去骨雞腿肉	150g
生薑	2 指節長
豆芽菜	100g
胡椒鹽	適量

湯頭

水	600ml
雞湯塊	1 塊
香油	1 大匙

TASTY NOTE

起鍋後也可以撒上白芝麻或韓式海苔酥一起享用。加入蛋花與隔夜冷飯一起做成雜炊也相當美味。生薑有讓身體變暖的作用，寒冷的天氣推薦可以做來吃。

作法

01 切除雞腿肉上多餘的油脂,切成適口大小,表面撒上胡椒鹽調味。

02 生薑切細絲備用。

03 鍋中倒油加熱,將作法 **01** 的雞皮先朝下放入鍋中,以中火將表面煎出金黃焦色,再翻面煎熟。

04 將作法 **02** 的薑絲放入鍋中翻炒,直到香味散出。

05 加入湯頭與豆芽菜煮沸,過程中要不斷撈除浮末,調味後即可上桌。

雞肉蔥鹽丼

材料（2人份）

雞胸肉	300g	Ⓐ	青蔥	1 支
鹽	少許		香油	2 大匙
米酒	1 大匙		雞粉	1 小匙
香油	適量		鹽	1 小匙
太白粉	1 大匙		檸檬汁	2 小匙

作法

01 雞胸肉去皮，並切除多餘的油脂，切成適口大小。

02 作法 **01** 的雞胸肉淋上米酒並撒鹽，再均勻撒上太白粉（圖 **a**），將雞胸肉揉捏均勻，醃漬 10 分鐘。

03 Ⓐ裡的青蔥切成蔥花並與Ⓐ的其他材料混合，備用。（圖 **b**）

04 平底鍋倒入香油熱鍋，將作法 **02** 的雞胸肉放入鍋中，煎至表面呈金黃焦色。（圖 **c**）

05 再倒入混合好的作法 **03**（圖 **d**），拌勻即可上桌。

TASTY NOTE

蔥鹽醬真的非常美味，無論與任何肉搭配起來都合適。吃燒肉時，只要有蔥鹽醬就可以配著吃下 2 碗白飯了。

日式雞翅咖哩

日式雞翅咖哩

材料 (2〜3人份)

雞翅	200g	Ⓐ	水	600ml
洋蔥	1 顆		無糖優格	2 大匙
紅蘿蔔	1/2 根			
蒜末	1 瓣			
胡椒鹽	少許			
牛番茄	2 顆			
咖哩塊	依水量比例加入			

作法

01 紅蘿蔔去皮切小塊，牛番茄切塊狀，洋蔥切丁。

02 鍋中加入橄欖油熱鍋，放入作法 **01** 的洋蔥炒成褐色，再放入番茄塊、紅蘿蔔，邊炒邊用鍋鏟將番茄搗碎。

03 約炒 5 分鐘後，加入蒜末炒香，再加入雞翅並撒上少許胡椒鹽，煎到雞翅兩面都有焦色。

04 鍋中加入Ⓐ，燉煮 15 分鐘，燉煮過程要不斷撈除浮末。

05 煮到番茄形狀都不見之後，加入咖哩塊，續煮 5 分鐘即可上桌。

TASTY NOTE

從雞翅骨頭中燉出的湯頭相當美味。雞翅表面要先煎出焦色，對料理的風味很加分，建議不要省略這個步驟。此外，用小雞腿也很好吃。

蒜香醬燒雞肉

材料（2人份）

雞胸肉	300g	Ⓐ	醬油	1 大匙
日式美乃滋	適量		米酒	1 大匙
太白粉	1 大匙		味醂	1 大匙
香油	適量		砂糖	1 小匙
			蒜末	2 瓣

作法

01 雞胸肉去皮，並切除多餘的油脂，用叉子在表面戳洞（圖 **a**），切成適口大小（圖 **b**），與Ⓐ混合醃漬 10 分鐘（圖 **c**）。

02 太白粉加入作法 **01** 中（圖 **d**），混拌至雞胸肉表面沒有粉感（圖 **e**）。

03 平底鍋倒入香油，以中火熱鍋，放入作法 **02** 的雞胸肉煎 3 分鐘。

04 接著將雞胸肉翻面，蓋上蓋子蒸煮 3 分鐘。

05 當兩面都煎出焦色後，即可起鍋，以雞胸肉沾著美乃滋一起享用。

TASTY NOTE

雞胸肉換成雞腿肉也相當推薦，美乃滋請務必使用日式的美乃滋，台式的美乃滋含有糖分，日式料理基本上不會用到。

雞柳胡麻沙拉

材料（2人份）

		胡麻沙拉醬	
雞柳	200g	日式美乃滋	3 大匙
小黃瓜	1 條	白芝麻	3 大匙
		鰹魚醬油（2倍濃縮）	1 大匙
蒸煮用水		白醋	1 大匙
米酒	50ml	砂糖	1 小匙
水	50ml		

作法

01 將胡麻沙拉醬裡的白芝麻磨碎（圖 **a**），再與其他材料混合。

02 小黃瓜切絲。（圖 **b**）

03 蒸煮用水倒入鍋中並煮沸，放入雞柳，蓋上蓋子蒸煮。

04 約煮 5 分鐘，雞肉煮熟後，取出放涼，用手撥成雞絲。（圖 **c**）

05 最後將全部材料混合拌勻即可享用。

TASTY NOTE

雞柳不要煮過頭，肉質會變柴。胡麻沙拉醬不僅可以拿來配沙拉，作為火鍋沾醬也很推薦喔。

甘辛燒雞翅

材料（2人份）

雞翅	300g	Ⓐ 蜂蜜	1 大匙
胡椒鹽	適量	醬油	2 大匙
太白粉	適量	味醂	2 大匙
		薑末	2 指節長
		蒜末	2 瓣
		韓式辣醬	1 小匙
		黑胡椒粉	1 大匙
		白芝麻	1 小匙
		檸檬汁	2 小匙

作法

01 雞翅表面抹上胡椒鹽，再均勻撒上太白粉。

02 鍋中倒入多一點油，鍋熱了之後放入作法 **01** 的雞翅，皮肉多的那面朝下，蓋上蓋子煎煮。

03 雞翅表面煎出焦色後，翻面繼續煎。

04 待雞翅熟透後，用廚房紙巾吸除鍋中多餘油分。

05 最後倒入Ⓐ拌勻，煮到醬汁大致收乾即可上桌。

TASTY
NOTE

用雞腿肉做這道料理也很好吃。沒有味醂的話，多加一點蜂蜜也可以。

豆腐燴白菜

材料（1～2人份）

板豆腐	1 盒	**芡汁**	
白菜	200g	太白粉	1 大匙
鰹魚醬油（2 倍濃縮）	2 大匙	水	1 大匙
水	100ml		
七味粉	適量		

作法

01 用廚房紙巾吸除豆腐多餘的水分。（圖 **a**）

02 豆腐及白菜切成適口大小。（圖 **b**）

03 平底鍋放入作法 **02** 的豆腐、白菜、鰹魚醬油及水，煮到白菜軟嫩。（圖 **c**、**d**）

04 待作法 **03** 煮熟後，淋上芡汁勾芡。

05 最後撒上七味粉即可上桌。

TASTY NOTE

嫩豆腐比較容易崩解，建議使用硬一點的豆腐，如板豆腐、油豆腐都是不錯的選擇。

金平牛蒡

材料（3～4人份）

牛蒡	1 支	Ⓐ	砂糖	2 大匙
紅蘿蔔	1/2 根		醬油	2 大匙
辣椒	1/2 根		味醂	2 又 1/2 大匙
香油	2 又 1/2 大匙			
米酒	2 又 1/2 大匙			
白芝麻	適量			

作法

01 將牛蒡洗淨去皮後切絲，浸泡在水中 5 分鐘。

02 紅蘿蔔洗淨削皮後切絲。

03 香油放入炒鍋加熱，將作法 **01** 的牛蒡絲及作法 **02** 的紅蘿蔔絲加入鍋中拌炒。

04 加入米酒，拌炒均勻，再加入Ⓐ炒至收汁。

05 起鍋前加入辣椒、白芝麻翻拌一下即可上桌。

a   b

TASTY
NOTE

牛蒡可用刀背刮除外皮，或是將鋁箔紙揉成一團後（圖 **a**），一面用鋁箔紙磨去牛蒡表面的土和皮（圖 **b**），一面將牛蒡放在水下沖。
「金平牛蒡」是日本定番的常備菜，冷冷的吃也相當美味。除了牛蒡，換成蓮藕、竹筍也都相當適合，將紅蘿蔔換成白蘿蔔也很推薦。

納豆秋葵蕎麥麵

材料（2人份）

蕎麥麵	200g	鰹魚醬油（沾麵的濃度）＊	1 杯
納豆	2 盒（80g）	海苔絲	適量
青蔥	1/4 支		
秋葵	2 支		

＊鰹魚醬油包裝會寫沾麵的稀釋比例

作法

01 青蔥切蔥花。

02 蕎麥麵依照包裝指示時間煮熟後，以流水沖洗後瀝乾水分。

03 秋葵表面用鹽搓揉，搓除表面絨毛，切成適口大小。（圖 **a**、**b**、**c**）

04 將作法 **02** 煮好的蕎麥麵放入碗中，加入納豆、作法 **03** 的秋葵與作法 **01** 的蔥花拌勻。

05 最後放上海苔絲，淋上鰹魚醬油即可。

TASTY NOTE

蕎麥麵煮好後請務必用流水沖洗，吃起來的口感會截然不同。吃的時候將所有材料混合就可以，喜歡的話加點芥末也相當美味喔。

北海道芋餅

材料（2～3個）

馬鈴薯	1 顆	Ⓐ	醬油	1 大匙
太白粉	1～2 大匙		砂糖	1 小匙
奶油	2 大匙			
鹽	1 小撮			
海苔	2～3 片			

作法

01 馬鈴薯煮熟，用搗泥器搗碎（圖 **a**），加入鹽與太白粉（圖 **b**）混合至看不見粉粒為止。

02 取一些作法 **01** 混合好的薯泥，捏成掌心大，再陸續將所有薯泥都捏完（圖 **c**）。

03 平底鍋放入奶油，以中火熱鍋，放入作法 **02**，將兩面煎出金黃色（每面約煎 2 分鐘）（圖 **d**）。

04 蓋上蓋子，繼續悶煎 1 分鐘後，先取出。

05 同一個鍋子放入Ⓐ，煮到砂糖溶解後，放入作法 **04**，讓兩面都沾上醬汁（圖 **e**），最後再包上海苔便完成（圖 **f**）。

TASTY NOTE

如果用研缽或擂缽搗馬鈴薯的話，吃起來會更軟綿、更Q。如果有男爵馬鈴薯更好，但使用其他種類的馬鈴薯來料理也沒問題。

蔬食馬鈴薯沙拉

材料（2人份）

		蔬食版美乃滋	
馬鈴薯	大顆	無糖豆漿	50g
洋蔥	1/2 顆	沙拉油	100g
小黃瓜	1 條	海鹽	1/4 小匙
黑胡椒粉	適量	白醋	1 小匙
鹽	適量		

作法

01 製作蔬食版美乃滋：豆漿、海鹽先倒入盆中，沙拉油分 3 次，一邊用攪拌器攪拌一邊加入，最後加入白醋，混合後打成美乃滋狀。（圖 **a**、**b**、**c**、**d**）

02 馬鈴薯表皮切一圈淺刀，水煮到熟透。

03 洋蔥及小黃瓜切薄片，切好後，洋蔥泡入冷水中，小黃瓜泡鹽水。

04 將作法 **02** 煮好的馬鈴薯剝皮，搗成泥後，與作法 **03** 瀝乾水分的洋蔥及小黃瓜混合，再加入適量作法 **01**，混合拌勻。

05 最後撒上黑胡椒粉及鹽即可享用。

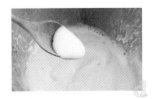

TASTY NOTE

為了做素食者可吃的美乃滋，這次用了無糖豆漿來製作，豆漿買市售的無糖豆漿即可，沙拉油也可換成橄欖油，但我個人比較喜歡沙拉油做出來的風味。

材料（2人份）

義大利麵	180g
蘑菇	3 朵
香菇	3 朵
番茄	1 顆

煮麵水

| 水 | 2000ml |
| 鹽 | 20g |

Ⓐ 紅酒	100ml
番茄汁（無糖）	100ml
烏醋	1 大匙
醬油	1 大匙
砂糖	2 小匙

作法

01 香菇切丁。蘑菇切薄片。番茄切丁。

02 將煮麵水煮沸，放入義大利麵，依照包裝指示時間煮熟，並瀝乾水分。

03 平底鍋加入橄欖油熱鍋，依序加入作法 **01** 的番茄、香菇及蘑菇翻炒。

04 接著加入Ⓐ，煮 10 分鐘。

05 最後放入作法 **02** 煮好的義大利麵，拌勻即可上桌。

TASTY
NOTE

比想像中還要更快做好的蘑菇義大利麵，日本人在日常中常常做義大利麵來吃，每天吃義大利麵的人也不在少數。約會吃、晚餐吃、帶便當吃，就是這麼頻繁的想吃義大利麵！

蘑菇茄汁義大利麵

百菇和風義大利麵

材料（2人份）

義大利麵	180g
鴻喜菇	50g
杏鮑菇	50g
舞菇	50g
蒜頭	3 瓣
青蔥	1 支
煮麵水	4 大匙
鰹魚醬油（素）	1 大匙

煮麵水

水	2000ml
鹽	20g

作法

01 將煮麵水煮沸，放入義大利麵，依照包裝指示時間煮熟，並瀝乾水分。

02 鴻喜菇、杏鮑菇及舞菇洗淨切成適口大小。

03 蒜頭磨末。青蔥切蔥花。

04 平底鍋加入橄欖油，放入作法 **02** 及作法 **03** 所有材料，炒熟。

05 最後放入作法 **01** 的義大利麵、煮麵水及鰹魚醬油，混合拌勻，盛盤，撒點蔥花即可。

不喜歡蔥與大蒜的不加也沒問題，可以選擇用辣椒代替也非常美味喔。

豆乳奶油燉菜

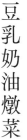

材料（2人份）

紅蘿蔔	1 根	Ⓐ	鹽	少許
馬鈴薯	2 顆		黑胡椒粉	少許
玉米粒罐頭	3 大匙		無糖豆漿	600ml
鴻喜菇	50g		素高湯	1 大匙
蘑菇	2 顆		味噌	1 大匙
中筋麵粉	3 大匙			

作法

01 紅蘿蔔、馬鈴薯洗淨削皮，與蘑菇、鴻喜菇一起切成適口大小。

02 鍋中倒入橄欖油，放入所有作法 **01** 拌炒。

03 加入麵粉混合到沒有粉感。

04 接著加入Ⓐ及玉米粒。

05 以小火煮到醬汁大致收乾至糊狀即可。

日本人不知道為何，冬天就一定想吃奶油燉菜。這道料理通常用牛奶製作，這裡改成素食版，用無糖豆漿來製作也相當美味喔。加入少許味噌可以讓味道更加和風濃郁，非常推薦。

香煎豆腐排丼

材料（2人份）

板豆腐	1盒	Ⓐ	味噌	2大匙
海苔絲	適量		味醂	2大匙
白芝麻	適量		水	2大匙
白飯	2碗			

作法

01 廚房紙巾鋪平，擺上豆腐，再蓋上一張廚房紙巾，放入微波爐（600W中火）加熱1分30秒，除去多餘水分。

02 豆腐橫切一刀，再切十字，成8等份。（圖 **a**、**b**、**c**）

03 平底鍋倒入油熱鍋，將作法 **02** 的豆腐排入鍋內，兩面煎熟。

04 豆腐煎出金黃焦色後，加入Ⓐ，使豆腐均勻裹上醬汁。

05 將煎好的豆腐放在白飯上，撒上海苔絲、白芝麻即可上桌。

TASTY
NOTE

作法 **01** 若不用微波爐加熱，可改用重物壓10分鐘。
這是一道既可以當主餐也能作為配菜的料理，口味比較濃，不僅下飯而且很開胃，建議飯多煮一點喔！

高麗菜燒

材料 (1～2人份)

高麗菜	150g

麵衣

低筋麵粉	50g
烹大師鰹魚粉	1/2 小匙
泡打粉	3g
水	50ml

作法

01 高麗菜洗淨切末。

02 麵衣材料混合備用。

03 將作法 **02** 的麵衣與作法 **01** 的高麗菜混合。

04 平底鍋塗上薄油，倒入作法 **03**，形成圓圓的形狀，蓋上蓋子，以中小火蒸煮 5 分鐘，翻面再煎 5 分鐘。

05 盛盤，淋上喜歡的醬汁即可享用。

TASTY NOTE

「高麗菜燒」也是大阪的定番料理。小時候花 100 円就可以買到，吃完後肚子也會很飽，常常買它代替零食。另外，加上起司也很好吃喔。

特輯

日式點心

醬油糰子

說到日本傳統的點心就屬「糰子」了。跟台灣的「豆花」一樣，是我們日常生活隨處可買到的甜點。

無論是在便利商店、超市都一定找得到，常去日本旅行的人想必也看過吧。在日本的關西圈，車站出來一側常會有小小的糰子店，直接可以買到剛烤好、熱呼呼的糰子。我以前國中、高中下課回家時就常常買來吃。

糰子有許多種類，在這當中「醬油糰子」大概是全日本人都喜歡的口味吧。若是紅豆餡的話，「顆粒派」vs「泥狀派」常常引起廣大的討論，但醬油糰子反而沒這個問題。果然日本人還是喜歡醬油啊！

融合醬油與砂糖的甜味，醬油糰子也能作為茶點使用。其實這道料理很像是將台灣的湯圓外面裹上醬汁，如果覺得從頭開始做很麻煩的話，直接買湯圓回來淋上醬汁也可以喔。

醬油糰子

材料（4～5根）

白玉粉	150g
水	120 ～ 150ml

醬汁

醬油	2 大匙
味醂	2 大匙
砂糖	3 大匙
太白粉	1 小匙
水	4 大匙

作法

01 將水一點一點的加入白玉粉，混合拌勻。拌到大約為耳垂硬度時即可揉成球狀（比湯圓大一點的大小）。

02 起一鍋滾水，放入糰子煮 3 分鐘，讓糰子浮起。煮好撈起，放入冷水中冷卻。

03 在另一鍋中倒入醬汁，開火，混合到有黏稠感即可熄火。

04 將冷卻後的白玉糰子以 3 ～ 4 顆一組串起來。

05 用噴槍（或放上平底不沾鍋）將兩面烤出焦色。

06 將糰子沾上作法 **03** 的醬汁即可享用。

快速甜點

OREO起司蛋糕
巧克力塔
紅茶杯子蛋糕
南瓜布丁
奶油小餅乾

奶油小餅乾

材料（15片）

模具：餅乾壓模

鬆餅粉	150g
奶油	35g
蛋	1 顆

作法

01 烤箱以 180 度先預熱，奶油放置常溫。

02 在料理盆中加入全部的材料，拌勻至沒有粉感。（圖 **a**）

03 將作法 **02** 的麵團擀到約 5mm 的厚度。（圖 **b**）

04 用餅乾壓模壓成喜歡的形狀。（圖 **c**）

05 將作法 **03** 放在鋪了烘焙紙的烤盤上（圖 **d**），放入烤箱，以 180
度烤 7 ～ 8 分鐘，烤出漂亮的金黃色澤即完成。

TASTY
NOTE

餅乾從麵粉開始製作會很有成就感，但是用鬆餅粉做也可以得到很多樂趣喔。
只要能成功完成，就一定好玩！料理也是，工作也是呢！

南瓜布丁

材料（3～4個）

模具：布丁杯

栗子南瓜	1 顆（500g）	蛋	2 顆
牛奶	250ml	南瓜籽	適量
砂糖	20g		

作法

01 南瓜蒸熟，放在篩網上搗成泥。（圖 **a**、**b**）

02 鍋中加入牛奶、砂糖，煮沸後瞬間熄火，放涼備用。

03 料理盆中放入作法 **01** 的南瓜泥、作法 **02** 及蛋（圖 **c**），混合後過篩，再倒入布丁杯中。

04 烤箱以 160 度先預熱。深烤盤放上作法 **03** 的南瓜布丁。再倒熱水進烤盤至 2/3 高，烤 20 ～ 25 分鐘即完成。

05 將烤好的作法 **04** 以南瓜籽裝飾，放入冰箱冷藏。

a   b   c

TASTY NOTE

如果只是一般的純布丁作法不免有些無聊，所以我介紹這道南瓜布丁。世上將南瓜做成甜點的不在少數，這之中就屬這道食譜最簡單了。

紅茶杯子蛋糕

材料（6個）

模具：杯子蛋糕模型		麵糊	
		蛋	1 顆
牛奶	80ml	砂糖	30g
紅茶葉	1 茶包份	溶化的奶油	50g
		鬆餅粉	150g

作法

01 將茶包剪開，倒出茶葉，與牛奶一起放入牛奶鍋中加熱，加熱到有小泡泡後即熄火，約放置 5 分鐘放涼。

02 將作法 **01** 與麵糊材料一同混合拌勻。（圖 **a**）

03 將混拌好的作法 **02** 分裝入杯子蛋糕模具中，約 8 分滿即可。（圖 **b**、**c**）

04 烤箱以 180 度先預熱，將作法 **03** 放入烤箱，烤 12 ～ 15 分鐘。

05 取出放涼即可享用。

TASTY NOTE

用市售的鬆餅粉就可以輕鬆做這道甜點，比例都已經調配好，十分方便。紅茶葉用茶包剪開或是直接用茶葉都可以，煮完後的茶葉不用過濾，直接與麵糊混合即可。

巧克力塔

材料（1個）

模具：直徑 15cm 的派盤

可可粉　適量

Ⓐ 奇福餅乾　　20g
　 融化的奶油　50g

Ⓑ 巧克力片　　100g
　 鮮奶油　　　50ml
　 奶油　　　　15g

作法

01 在派盤底部鋪烘焙紙，側邊塗上奶油或沙拉油。

02 將Ⓐ的奇福餅乾放入夾鏈袋中，再將餅乾打碎，加入融化的奶油混合均勻。（圖 **a**、**b**）

03 將作法 **02** 的餅乾屑平鋪在作法 **01** 的烤盤上，並壓緊實。（圖 **c**）

04 將Ⓑ所有材料放入鍋中，以小火加熱，巧克力片溶解後即熄火。（圖 **d**）

05 將作法 **04** 倒入作法 **03** 的烤盤中（圖 **e**、**f**），放入冰箱冷藏 4 個小時以上，取出後撒上可可粉裝飾即可。

TASTY NOTE

如果有派盤模具的話就能輕鬆做出很專業的蛋糕。雖然甜點給人很難製作的印象，但其實簡單的作法也相當多。在特別的日子，推薦你做做看。

OREO 起司蛋糕

材料（1個）

模具：直徑 18cm 蛋糕模具

OREO 餅乾	7 片＋5 片	檸檬汁	10ml
融化的奶油	30g	砂糖	30g
乳酪起司	200g		
鮮奶油	200g		

作法

01 將 7 片 OREO 餅乾放入夾鏈袋中，再將餅乾打碎，加入融化的奶油，混合均勻（圖 **a**、**b**、**c**）。將餅乾屑平鋪在模具中，並壓緊實。

02 鮮奶油打發到硬性發泡（圖 **d**、**e**、**f**）。

03 乳酪起司放置常溫，與砂糖拌勻，混合至白色狀。

04 剩下的 5 片 OREO 餅乾搗碎，與作法 **02**、作法 **03**、檸檬汁混合後，倒入作法 **01** 的模具中。

05 在作法 **04** 上放一點餅乾塊裝飾，放入冰箱冷藏後即可享用。

TASTY
NOTE

我相當喜歡 OREO 跟乳酪起司，在小店看到用這兩者做的甜點我一定會買起來。將這兩者結合做成的豪華組合便是 OREO 起司蛋糕了。這不是為別人，而是單純為了自己而做的 No.1 蛋糕！

新手Q&A

Q： 做日式料理要用什麼醬油？

A： 瓶身標示釀造醬油都可以使用。除了台灣一般超市都有賣的龜甲萬、四季等等，也可以用淡口醬油、甘醇醬油。我們日本每一區喜歡用的醬油不太一樣，所以你也可以找找看自己喜歡的醬油口味。

Q： 沒有味醂怎麼辦？

A： 米酒 1 大匙：砂糖 1 小匙，以這個比例調和可以代替。但味道還是有點不太一樣，如果你滿常做日本料理的話，推薦去買一瓶。本味醂的話可以常溫保存，是滿推薦的味醂種類。

Q： 鰹魚醬油露可以代替醬油嗎？

A： 鰹魚醬油露是很多調味料混合的一種日式調味料，本來是用來做烏龍麵、蕎麥麵湯頭的，所以裡面會有醬油、味醂、高湯、砂糖等成分。與醬油的味道、用途不太一樣，不建議所有食譜都替代使用。

Q： 奶油建議用哪一種？

A： 我通常都用無鹽奶油。但是有鹽也可以，只是做甜點的話一定是用無鹽。鹹的料理的話，要注意如果再加上食譜中的調味可能會太鹹，要邊試吃邊調整。

Q： 食譜裡的材料哪裡買得到？

A： 除了「特輯」的食材以外，所有食譜食材在一般超市都買得到。「特輯」裡面的一些材料，在百貨超市或進口超市都滿常見。

Q： 味噌怎麼保存呢？

A： 用不完的味噌可以冷藏保存，但因為表面很容易乾，所以可以撕一張保鮮膜敷在上面，防止乾燥。有時候味噌上會浮出很像醬油的液體，那個是可以吃的，不用擔心。

Q： 電磁爐、IH 爐也可以做料理嗎？

A： 當然可以！有的電磁爐比瓦斯爐火力更強，完全沒問題。但如果你用的電磁爐的火力比較弱也是可以做喔！

Q： 食譜中的砂糖可以改成代糖嗎？

A： 當然可以！日本人也滿常使用代糖。你可以先試吃再確定調味料的比例，家庭料理是自己喜歡的味道最重要。

Q： 烤箱料理可以用氣炸鍋代替嗎？

A： 可以做出來，但是口感不太一樣。我本人比較喜歡用烤箱。如果你用氣炸鍋代替烤箱失敗的話，下次不要做就好了，失敗也是一個經驗。

Q： 做好的料理大概可以保存多久呢？

A： 冷藏保存建議 2 ～ 3 天內要吃完，但是麵類還是現煮現吃最好吃。我也是通常煮好後分 2 ～ 3 天慢慢吃完，冰箱的保存環境也跟保存品質有關，可以的話盡早吃完為佳。

後記

有人說「料理是自由的」。因為從調味料到食材全都能自由變化，只要做出自己認為是美味的，那就是對的。

但對於新手來說「自由」反而是最難的。所以新手料理者需要一本簡單好用的食譜做參考。

我認為料理有點像建造模型的概念，而食譜便是「設計圖」。新手只要依照著食譜跟著做就可以做出美味的料理，然後依照個人的口味去調整食譜就好了。例如：

- 鹽的減量
- 砂糖的增量
- 醬油的廠牌變換看看

影響味道的部分很多，試著找找你喜歡的味道也是做菜的樂趣。但沉迷於料理的人都會不知不覺的發胖，這可能是玩得太開心的原故吧。

憑著「無論如何就要很簡單」這個概念做了一本食譜，你覺得怎麼樣呢？如果你做完後，想與別人分享「這是我做的！」的話，那麼我會感到很榮幸。

最後，謝謝出版企劃本書的出版社同仁，以及一直以來追蹤我並且喜歡我的食譜的各位，還有購買這本書的你。

誠摯感謝。

今後也一起享受做料理的時光吧！

日本男子 KAZU

食食
にくや
Kitchen Cuisine Meat

日本男子 X 食食肉舖

-本書肉品由食食肉舖贊助-

食食在在 時時美味

TASTY NOTE

可易家電 presto × Sengaku Aladdin

專屬折扣碼

【TASTYNOTE】

滿$3000　折$200

滿$5000　折$350

使用期限至2023/03/31

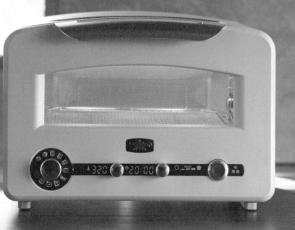

最強的透明潔淨力.
食器蔬果一瓶搞定!

日本國民品牌

YASHINOMI

優惠代碼:KAZU100

進入官網輸入代碼,立即獲得百元折價券

coquology

廚房是生活的中心,這裡發生且包容了生活中所有芝麻瑣事,烹調出家的味道。
生活同時也是一門學問,如同料理一般,不同的組合成就不同的滋味。
Coquology料理生活提供經典及永續經營為理念的料理道具/器皿,生活用品,食材和料理分享,
期許創造各種不同生活的面貌。

KAZU讀者專屬10%OFF購物折扣碼 KAZUCUO

www.coquology.com ｜ 使用期限2022.12.31

五味坊 127

一看就會！日本男子天天上菜

60道日本家常味，零基礎也會做，平價超市採買就能煮出道地和風料理！

作者	KAZU
攝影	張世平
總編輯	王秀婷
主編	洪淑暖
版權	徐昉驊
行銷業務	黃明雪
發行人	凃玉雲
出版	積木文化

104台北市民生東路二段141號5樓
官方部落格：http://cubepress.com.tw/
電話：(02) 2500-7696　傳真：(02) 2500-1953
讀者服務信箱：service_cube@hmg.com.tw

發行　英屬蓋曼群島商家庭傳媒股份有限公司城邦分公司
台北市民生東路二段141號11樓
讀者服務專線：(02)25007718-9　24小時傳真專線：(02)25001990-1
服務時間：週一至週五上午09:30-12:00、下午13:30-17:00
郵撥：19863813　戶名：書虫股份有限公司
網站：城邦讀書花園　網址：www.cite.com.tw

香港發行所　城邦（香港）出版集團有限公司
香港灣仔駱克道193號東超商業中心1樓
電話：852-25086231　傳真：852-25789337
電子信箱：hkcite@biznetvigator.com

馬新發行所　城邦（馬新）出版集團
Cite (M) Sdn Bhd 41, Jalan Radin Anum, Bandar Baru Sri Petaling, 57000 Kuala Lumpur, Malaysia.
電話：603-90578822　傳真：603-90576622
email: cite@cite.com.my

美術設計	郭忠恕
製版印刷	上晴彩色印刷製版有限公司

【印刷版】
2022年 8月2日　初版一刷
售　價／NT$ 399
ISBN　978-986-459-423-8
Printed in Taiwan.

【電子版】
2022年 8月
ISBN　978-986-459-424-5　〔EPUB〕

國家圖書館出版品預行編目(CIP)資料

一看就會!日本男子天天上菜：60道日本家常味,零基礎也會
做,平價超市採買就能煮出道地和風料理!/KAZU著. -- 初版.
-- 臺北市：積木文化出版：英屬蓋曼群島商家庭傳媒股份有
限公司城邦分公司發行, 2022.08

　面；　公分. -- (五味坊；127)
ISBN 978-986-459-423-8(平裝)

1.CST: 食譜 2.CST: 烹飪

427.1　　　　　　　　　　　　　　　　111009258

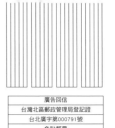
請沿虛線對摺裝訂，謝謝！

部落格　**CubeBlog**
cubepress.com.tw

臉　書　**CubeZests**
facebook.com/CubeZests

電子書　**CubeBooks**
cubepress.com.tw/books

積木生活實驗室
部落格、facebook、手機app
隨時隨地，無時無刻。

非常感謝您參加本書抽獎活動，誠摯邀請您填寫以下問卷，並寄回積木文化
（免付郵資）抽好禮。積木文化謝謝您的鼓勵與支持。

1. 購買書名：＿＿＿＿＿＿＿＿＿＿＿＿＿＿＿＿＿＿＿＿＿＿＿＿＿＿＿＿＿＿＿＿

2. 購買地點：□書店，店名：＿＿＿＿＿＿＿＿＿＿＿＿＿＿，地點：＿＿＿＿＿＿＿＿＿＿縣市
   □書展 □郵購 □網路書店，店名：＿＿＿＿＿＿＿＿＿＿ □其他＿＿＿＿＿＿＿＿＿＿

3. 您從何處得知本書出版？
   □書店 □報紙雜誌 □ DM 書訊 □朋友 □網路書訊　部落客，名稱＿＿＿＿＿＿＿＿＿＿
   □廣播電視 □其他＿＿＿＿＿＿＿＿＿＿＿＿＿

4. 您對本書的評價（請填代號 1 非常滿意 2 滿意 3 尚可 4 再改進）
   書名＿＿＿＿＿　內容＿＿＿＿＿　封面設計＿＿＿＿＿　版面編排＿＿＿＿＿　實用性＿＿＿＿＿

5. 您購書時的主要考量因素：（可複選）
   □作者 □主題 □口碑 □出版社 □價格 □實用 其他＿＿＿＿＿＿＿＿＿＿＿＿＿＿

6. 您習慣以何種方式購書？□書店 □書展 □網路書店 □量販店 □其他＿＿＿＿＿＿＿＿＿

7-1. 您偏好的飲食書主題（可複選）：
   □入門食譜 □主廚經典 □烘焙甜點 □健康養生 □品飲 (酒茶咖啡) □特殊食材 □ 烹調技法
   □特殊工具、鍋具，偏好 □不銹鋼 □琺瑯 □陶瓦器 □玻璃 □生鐵鑄鐵 □料理家電（可複選）
   □異國／地方料理，偏好 □法 □義 □德 □北歐 □日 □韓 □東南亞 □印度 □美國（可複選）
   □其他＿＿＿＿＿＿＿＿＿＿＿

7-2. 您對食譜／飲食書的期待：（請填入代號 1 非常重要 2 重要 3 普通 4 不重要）
   作者知名度＿＿＿＿　主題特殊／趣味性＿＿＿＿　知識＆技巧＿＿＿＿　價格＿＿＿＿　書封版面設計＿＿＿＿
   其他＿＿＿＿＿＿＿＿＿＿＿＿＿＿＿＿＿＿＿＿＿＿＿＿＿＿＿＿＿＿＿＿＿＿＿＿＿＿

7-3. 您偏好參加哪種飲食新書活動：
   □料理示範講座 □料理學習教室 □飲食專題講座 □品酒會 □試飲會 □其他＿＿＿＿＿＿

7-4. 您是否願意參加付費活動：□是 □否；（是──請繼續回答以下問題）：
   可接受活動價格：□ 300-500 □ 500-1000 □ 1000 以上 □視活動類型上 □無所謂
   偏好參加活動時間：□平日晚上 □週五晚上 □周末下午 □周末晚上

7-5. 您偏好如何收到飲食新書活動訊息
   □郵件文宣 □ EMAIL 文宣 □ FB 粉絲團發布消息 □其他＿＿＿＿＿＿＿＿＿＿

★歡迎來信 service_cube@hmg.com.tw 訂閱「積木樂活電子報」或加入 FB「積木生活實驗室」

8. 您每年購入食譜書的數量：□不一定會買 □ 1~3 本 □ 4~8 本 □ 9 本以上

9. 讀者資料 · 姓名：＿＿＿＿＿＿＿＿＿＿＿＿＿
   · 性別：□男 □女　 · 電子信箱：＿＿＿＿＿＿＿＿＿＿＿＿＿＿＿＿＿＿＿＿＿＿
   · 收件地址：＿＿＿＿＿＿＿＿＿＿＿＿＿＿＿＿＿＿＿＿＿＿＿＿＿＿＿＿＿＿＿＿

（請務必詳細填寫以上資料，以確保您參與活動中獎權益！如因資料錯誤導致無法通知，視同放棄中獎權益。）
   · 居住地：□北部 □中部 □南部 □東部 □離島 □國外地區
   · 年齡：□ 15 歲以下 □ 15~20 歲 □ 20~30 歲 □ 30~40 歲 □ 40~50 歲 □ 50 歲以上
   · 教育程度：□碩士及以上　□大專　□高中　□國中及以下
   · 職業：□學生　□軍警　□公教　□資訊業　□金融業　□大眾傳播　□服務業　□自由業
   　　　□銷售業　□製造業　□家管　□其他＿＿＿＿＿＿＿＿＿＿＿＿＿＿＿＿
   · 月收入：□ 20,000 以下 □ 20,000~40,000 □ 40,000~60,000 □ 60,000~80000 □ 80,000 以上
   · 是否願意持續收到積木的新書與活動訊息：□是　□否

＿＿＿＿＿＿＿＿＿＿＿＿＿＿＿＿＿＿＿＿＿＿＿＿＿＿（簽名）

感謝以下廠商贊助拍攝

Food-X 鮮蔬百寶箱
食食肉舖
草上奔牧場原野放牧蛋